Olagoke Awodumi

Avaliação SIG das alterações do coberto florestal na Reserva Florestal de Oluwa, Odigbo

Olagoke Awodumi

Avaliação SIG das alterações do coberto florestal na Reserva Florestal de Oluwa, Odigbo

ScienciaScripts

Imprint

Cover image: www.ingimage.com

This book is a translation from the original published under ISBN 978-620-2-30257-9.

Publisher:
Sciencia Scripts
is a trademark of
Dodo Books Indian Ocean Ltd. and OmniScriptum S.R.L publishing group

120 High Road, East Finchley, London, N2 9ED, United Kingdom
Str. Armeneasca 28/1, office 1, Chisinau MD-2012, Republic of Moldova, Europe
Managing Directors: Ieva Konstantinova, Victoria Ursu
info@omniscriptum.com

Printed at: see last page
ISBN: 978-620-8-54936-7

RESUMO: A gestão de florestas tropicais complexas exige tecnologia actualizada para garantir a utilização sustentável dos recursos. Muitas das actuais práticas de gestão florestal podem ser melhoradas e monitorizadas através da utilização de tecnologias actuais, incluindo a deteção remota, o SIG (Sistema de Informação Geográfica) e o GPS (Sistema de Posicionamento Global), que podem melhorar qualquer processo de tomada de decisões. Este trabalho de investigação demonstrou a capacidade do SIG e dos dados de teledeteção (imagens) na identificação, classificação e interpretação da reserva florestal de Oluwa no estado de Ondo, Nigéria. Foi criada e analisada uma base de dados SIG das categorias de uso/cobertura do solo e das suas alterações num período de 14 (1986-2000) e 16 anos (2000-2016). Os resultados mostraram que a reserva florestal estava a recuar devido a várias actividades do homem, como o abate ilegal de madeira, as actividades agrícolas, o estabelecimento de povoações e a construção. E se não forem tomadas as devidas precauções, toda a floresta se transformará numa superfície nua e impedirá o desenvolvimento da sustentabilidade ambiental, além de contribuir para o aquecimento global.

Palavras-chave: Cobertura Florestal, Uso do Solo, Alterações, SIG e Deteção Remota

Índice

Capítulo 1

1.0 INTRODUÇÃO

Nas últimas décadas, a vegetação florestal tem sofrido alterações devido ao crescimento da população e à pobreza. A procura de produtos florestais tem continuado a aumentar, enquanto a terra disponível para os cultivar tem vindo a diminuir devido à procura agrícola, à expansão das cidades e ao desenvolvimento das infra-estruturas. O homem tem provocado profundas alterações ambientais na sua busca de sobrevivência e o desenvolvimento tem causado alterações ambientais negativas que se manifestam na erosão dos solos, na perda de terras de cultivo, na poluição, na desflorestação e na destruição da diversidade biológica, entre outras. A incidência recorrente de secas, fome, inundações e a rápida modificação da vegetação apontam para um possível colapso do ambiente natural (Oloyede, 2008).

As regiões secas da savana estão expostas à alteração dos padrões de precipitação, à desertificação e às secas. As comunidades costeiras da região do Delta do Níger e de Lagos enfrentam a subida do nível do mar e o aumento das inundações. No final do século ^{XIX}, a Nigéria tinha cerca de 65 milhões de hectares de florestas primárias tropicais ricas, com flora e fauna abundantes (Ministério Federal do Ambiente, 2001). Agora, no século ^{XXI}, esta área foi reduzida para cerca de 4 milhões de hectares e apenas cerca de um terço está sob proteção efectiva em Parques Nacionais (Ogbonnaya, 2003; Adedire, 2007). Um estudo realizado pela Nigerian Environmental Study/Action Team (NEST) mostrou que a Nigéria perdeu 5% da sua floresta anualmente durante a década de 1980 (Oloyede, 2008). Outro relatório da Unidade de Gestão, Avaliação e Coordenação da Investigação Florestal (FORMECU) do Departamento Federal das Florestas indicou que a Nigéria continua a perder uma média anual de 350 000 hectares de cobertura florestal (Ogbonnaya, 2003). Embora todos os países dos trópicos húmidos estejam a sofrer desflorestação de florestas primárias (Bandy, 1994), 12 países, com a Nigéria no topo da lista (Quadro 1), representam cerca de 81% da área total desflorestada (Adedire, 2007).

Quadro 1 Taxas de desflorestação dos principais países

Country	Annual deforestation rate ('000ha/year)	Deforestation rate (%/year)
Brazil	5000	2.1
Indonesia	1200	1.4
Myanmar	800	3.3
Mexico	700	4.2
Colombia	650	2.3
Thailand	600	8.4
Malaysia	480	3.1
Zaire	400	0.4
India	400	2.4
Nigeria	350	14.3
Peru	350	0.7
Vietnam	350	5.8
World Total	**13860**	**1.8**

Fonte: Adedire, 2007

As consequências deste processo de desflorestação na Nigéria incluem a desertificação ou a invasão do deserto no Norte e a erosão das ravinas no Sul (Udofia *et. al.,* 2011). O programa de florestação sustentável e a plantação de árvores na Nigéria tornam-se, portanto, altamente imperativos para satisfazer a procura crescente de produtos florestais. Estima-se que apenas cerca de 360 000 km^2 (25,6%) da massa terrestre da Nigéria se encontra coberta por florestas e bosques/arbustos (FAO, 2003). Numa tentativa de evitar o esgotamento total dos recursos florestais, o Governo Federal da Nigéria orientou os seus esforços no sentido de aumentar 10% (91 000 km^2) da área total de terra sob reserva florestal para 20%, com vista a cumprir a especificação da FAO de 25% no futuro. As práticas de gestão florestal podem ser melhoradas através da utilização das tecnologias actuais, incluindo a deteção remota, o sistema de informação geográfica (SIG) e o sistema de posicionamento global (GPS). As práticas de silvicultura de precisão podem ser efectuadas com a ajuda destas tecnologias, o que está de acordo com o conceito de gestão florestal sustentável (Khali, 2001). A informação sobre os recursos florestais e as caraterísticas e atributos da paisagem pode ser recolhida através de técnicas de deteção remota e SIG. Os levantamentos florestais, incluindo os mapas de avaliação do inventário, são essenciais para alcançar eficazmente os objectivos de planeamento da gestão florestal sustentável a longo prazo, que são realizados com precisão utilizando a técnica GPS. Na reserva florestal de Oluwa, o uso do solo foi classificado em diferentes tipos, que são Floresta densa, Plantação de árvores exóticas, Cultivo de culturas arvenses, Cultivo de culturas arbóreas e Assentamento / espaço aberto (Orimoogunje, 2014). A classe de cobertura florestal densa continua a diminuir de 130.774 ha em 1972 para 110.826 ha em 1991 e para 19.383 ha em 2000 devido ao estabelecimento de novas plantações de árvores exóticas, à expansão de povoações, ao cultivo de árvores e de culturas arvenses (Orimoogunje. 2014).

Por conseguinte, é necessário continuar a monitorizar a taxa de redução da reserva florestal e propor soluções sobre a forma como a conversão da reserva florestal em povoações, terras agrícolas e invasão pode ser travada ou reduzida.

1.2 DESCRIÇÃO DO PROBLEMA

A reserva florestal de Oluwa é considerada uma zona de biodiversidade excecional, mas atualmente gravemente ameaçada pelas actividades humanas de utilização dos solos. As principais causas de destruição foram a exploração para o desenvolvimento e a agricultura, especialmente as culturas arbóreas e as culturas arvenses, que também são comuns às reservas florestais do sudoeste (Orimoogunje, 2005). Com a destruição generalizada da vegetação nativa e a consequente substituição em grande parte por culturas arbóreas e plantações exóticas, tornou-se necessária uma reavaliação das caraterísticas florísticas desta zona ecológica. Por conseguinte, a extensão total e as consequências das alterações propostas são muitas vezes incertas, tal como a sua possível irreversibilidade e, por conseguinte, o seu significado duradouro para a geração futura. Por conseguinte, o objetivo deste documento é investigar a extensão das alterações do coberto florestal e o padrão resultante no contexto da vegetação atual da zona.

1.3 OBJECTIVO DO PROJECTO

O objetivo deste estudo é investigar a extensão das alterações do coberto florestal e o padrão resultante no contexto da vegetação atual da área, utilizando SIG e tecnologia de deteção remota.

1.4 OBJECTIVOS

- Conceber uma base de dados geográfica para as caraterísticas da área
- Aquisição do mapa de uso/ocupação do solo da zona utilizando imagens de satélite
- Criação de um dado ou elemento geométrico de uma geodatabase
- Cartografar e analisar o padrão de uso do solo e a distribuição espacial da área de estudo
- Efetuar a classificação das imagens de satélite de modo a determinar os tipos de utilização do solo
- Efetuar análises para determinar a natureza, a localização e a tendência da utilização do solo
- Previsão de possíveis medidas de sustentabilidade

1.5 ÂMBITO DO ESTUDO

O âmbito do projeto limita-se à quantidade e à extensão da reserva florestal de Oluwa utilizando SIG e deteção remota. Prevê-se a realização das seguintes actividades :

- Conceção e criação de uma base de dados da zona de estudo

- Classificação de imagens da área de estudo

- Análise espacial e apresentação de informações

1.6 IMPORTÂNCIA DO ESTUDO

A importância deste estudo tem como objetivo assegurar a sustentabilidade e a gestão eficazes da reserva florestal de Oluwa utilizando a deteção remota e o SIG. Embora o governo tenha respondido encorajando o cultivo de espécies exóticas de crescimento rápido para melhorar o processo de reconstrução da floresta, o impacto do homem noutros aspectos, incluindo a expansão das explorações agrícolas, o estabelecimento de aldeias e vilas na reserva, continuou a reduzir a extensão e o luxo da cobertura vegetal na reserva e reduziu o número de espécies de madeira e, em algumas situações, ameaçando a sobrevivência de toda a reserva florestal como uma unidade ecológica importante no sudoeste da Nigéria. Por conseguinte, o conhecimento da extensão atual da floresta ajudará o governo e a gestão da reserva florestal a planear o estabelecimento e o cultivo de novos locais de espécies de árvores indígenas e exóticas.

1.7 ÁREA DE ESTUDO

A área de estudo é a Reserva Florestal de Oluwa, na Área do Governo Local de Odigbo, no Estado de Ondo, uma parte do sudoeste da Nigéria. Está situada aproximadamente entre as latitudes 6^0 55' e 7^0 20' N e as longitudes 3^0 45' e 4^0 32' E, com uma área de 678,06 km^2 (ver Figura 1). A área faz parte das planícies e cordilheiras ocidentais da Nigéria, estando grande parte dela situada aproximadamente entre 300 e 600 metros acima do nível do mar (Iloeje, 1981). A maioria dos rios e riachos que drenam esta floresta nascem na parte norte da floresta. Entre os rios destacam-se o Oni, o Oluwa e o Ominla. O clima da área de estudo pode ser descrito como tropical húmido (Fosberg, *et al,* 1961; Garnier, 1961). A estação das chuvas nas reservas ocorre de março a novembro, enquanto a estação seca vai de dezembro a fevereiro. A precipitação anual varia entre 1700 e 2200 mm. A temperatura média anual em Oluwa é de 26°C. Os solos são predominantemente tropicais ferruginosos, típicos da variedade encontrada em áreas intensamente intemperizadas de formações complexas do subsolo na zona da floresta tropical do sudoeste da Nigéria. Os solos são bem drenados, maduros, vermelhos, pedregosos e gravosos nas partes superiores da sequência. A textura do solo superficial nas reservas é maioritariamente franco-arenosa (Onyekwelu *et al.,* 2008; Adeduntan, 2009). A vegetação natural da área é a floresta tropical húmida caracterizada por emergentes com múltiplas copas e lianas. Algumas das árvores mais frequentemente encontradas na zona incluem *Melicia excelsa, Afzelia bipindensis, Antiaris africana, Brachystegia nigerica, Lophira alata, Lovoa trichiliodes, Terminalia ivorensis, T. superba, Triplochiton scleroxylon*, etc. No entanto, a vegetação natural da área, com exceção das áreas dedicadas à reserva florestal, foi agora reduzida a vegetação secundária, matos florestais e pousios em diferentes estádios de desenvolvimento ou substituída por culturas perenes e anuais (Osunade, 1991). Estas culturas perenes incluem o cacau, a cola e os citrinos.

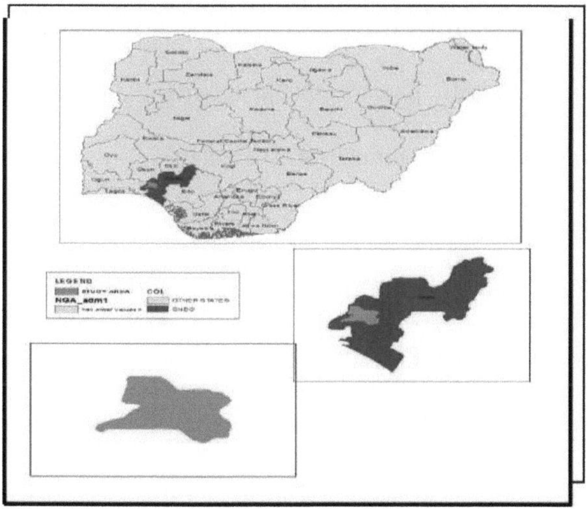

Figura 1: Localização da área de estudo

Capítulo 2

2.0 REVISÃO DA LITERATURA

A desflorestação tem vindo a ocorrer a um ritmo alarmante de 13 milhões de hectares por ano a nível mundial (FAO, 2005). A perda contínua das florestas tropicais do mundo está a provocar enormes perturbações ambientais, incluindo uma taxa de extinção de espécies sem precedentes históricos. A perda da cobertura florestal protetora reduz o rendimento sustentável das bacias hidrográficas, o que pode levar ao esgotamento dos nutrientes do solo, à erosão do solo e a alterações no clima local e, segundo alguns indícios, no clima global (U. S. Interagency Task Force on Tropical Forests, 1980). No caso particular da desflorestação, a alteração espacial da floresta é uma variável dependente categórica, que resulta da interação de diversas variáveis explicativas. Estas perturbações ambientais aumentam o risco para as populações humanas de catástrofes naturais e provocadas pelo homem. As populações mais diretamente afectadas são as populações locais dos países em desenvolvimento, que estão mais estreitamente ligadas à base de recursos naturais para a sua subsistência e desenvolvimento económico.

O esgotamento contínuo da base de recursos naturais diminui as opções para uma sociedade sustentável a longo prazo e, apesar da riqueza de produtos e serviços que as árvores oferecem, a plantação de árvores no país não é praticada de forma sustentável. É aparentemente claro que o nível de consciencialização e sensibilização do público para a plantação sustentável de árvores é muito fraco (Udofia *et. al.,* 2011). A florestação sustentável implica ver a floresta como um todo integrado e não como uma fonte de qualquer produto ou serviço económico (GEF, 2010). Os fundamentos da florestação têm-se geralmente limitado aos benefícios ambientais ou sociais, à estimulação da economia social e aos efeitos multiplicadores (Oyen e Nygaard, 2000). Os benefícios ambientais e sociais a obter com a plantação sustentada de árvores incluem o sumidouro de carbono, a proteção do solo e da água, a proteção contra o vento, a criação de um habitat para a vida selvagem, a redução da pressão sobre as florestas naturais e a promoção de actividades ao ar livre e da saúde pública. Foi dito que a base e o conceito das práticas de gestão sustentável das florestas (GSF) consiste em reservar terras florestais naturais adequadas como Floresta Permanente Reservada (PRF), que devem estar estrategicamente localizadas em todo o país para serem geridas perpetuamente (Khali, 2001). Em 1999, a Malásia tinha um total de áreas florestais de cerca de 19,01 milhões de hectares (cerca de 60%), dos quais cerca de 14,33 milhões de hectares são florestas permanentes reservadas (PRF). A PRF está classificada em duas categorias básicas de gestão: florestas de produção e florestas de proteção. Desse total, cerca de 10,84 milhões de ha são florestas de produção, enquanto cerca de 3,49 milhões de ha são florestas de proteção. As florestas de produção são exploradas comercialmente e geridas para a produção sustentável de madeira, ao passo que as florestas de proteção não são exploradas e são mantidas no seu estado natural para proteger as zonas montanhosas e conservar a diversidade biológica (Khali, 2001). Também na Nigéria, as plantações florestais totalizam cerca de 216 072 ha e são constituídas por *Gmelina arborea*, *Tectona grandis*, *Eucalyptus spp*, *Acacia spp*, Neem e algumas espécies de árvores indígenas. Estudos estimaram um aumento das reservas florestais das florestas tropicais em 5m$^{(3}$)/ha/annum, dos quais 2,5m^3 são potencialmente comerciais, e o corte máximo permitido num ciclo de abate de 25 anos é de 30 m3/ha ou 12 milhões de m3 por ano (Musa, 2002). Mas a estratégia de gestão da floresta de produção ainda depende muito dos tipos de floresta, mas com base num objetivo comum, que é assegurar a renovação da floresta e o rendimento sustentado (Khali, 2001). A utilização de dados espaciais para a gestão e o planeamento dos recursos florestais foi reconhecida a nível mundial. No entanto, os dados espaciais serão menos úteis se não forem transformados em informação, que possa ser analisada e interpretada de forma sistemática e rápida. Por conseguinte, é necessário transferir e conservar os dados espaciais relacionados com a silvicultura num formato informático normalizado, de preferência num ambiente SIG. Um SIG é um sistema integrado de base de dados de recursos que tem a capacidade de armazenar, editar e processar dados digitais e que apoia o planeamento do desenvolvimento e a análise de políticas. A utilização do SIG na silvicultura está a tornar-se muito importante, sendo inevitável a acumulação imensa de dados. Consciente disso, o Forestry Department (FD) da Malásia Peninsular criou, em 1997, uma secção de cartografia e SIG na sede, com o objetivo de desenvolver um SIG operacional para um planeamento, gestão, conservação e desenvolvimento sustentável mais eficazes dos recursos florestais (Alias, 2001). Até à data, muitos dados e informações espaciais relacionados com a silvicultura foram registados na base de dados do SIG.

Mencionando que a recolha de dados de inventário florestal e a monitorização das alterações são fundamentais para as actividades de gestão florestal (Wulder e Franklin; 2007). Um SIG pode também basear-se nestas actividades, incorporando modelos para orientar, por exemplo, o abate de árvores, a silvicultura e as actividades de gestão dos incêndios, ou prever o abastecimento de lenha e de outros recursos. Outras prioridades, como a criação de habitats para a vida selvagem, a garantia de oportunidades de lazer e a minimização dos impactos visuais do abate, estão também a ganhar importância. Algumas aplicações tratam de questões de gestão únicas, como a produção de madeira, enquanto outras ilustram a forma como uma combinação de preocupações de gestão pode ser integrada através da utilização do SIG, como a produção de madeira combinada com a proteção do habitat. Um exemplo crítico é a monitorização da vasta floresta tropical da bacia do Congo, que cobre cerca de um terço de toda a área, mas que constitui um enorme desafio, sobretudo devido à quase total ausência de estradas. Foi explicado que, ao longo da última década, a teledeteção e os sistemas de informação geográfica (SIG) têm sido ferramentas poderosas na monitorização das florestas, que podem fornecer informações críticas aos decisores sobre a forma de proteger este valioso recurso natural (Zhang *et al.*, 2006).

A deteção remota consiste em obter imagens de satélites sobre uma área que vai desde alguns quilómetros quadrados até ao globo inteiro. O SIG integra hardware, software e dados para capturar, gerir, analisar e apresentar várias formas de informação geograficamente referenciada (Zhang *et al.,* 2006). O observatório tem por objetivo apoiar uma melhor gestão dos recursos naturais e o desenvolvimento sustentável, produzindo informações fiáveis sobre as alterações do coberto florestal e reforçando a capacidade dos parceiros de conservação públicos e privados para utilizarem as mais recentes ferramentas baseadas em satélites. Durante muitos anos, a Bacia do Congo esteve atrasada na utilização de dados científicos provenientes de satélites para monitorizar o ambiente, especialmente a alteração do coberto florestal (Zhang *et al.,* 2006), (Esri, 2015).

Num estudo sobre "A Abordagem Geoespacial do Sequestro de Carbono na Floresta de Oluwa" (Makinde, *et. al.* 2014), mostra que a mudança no uso do solo da área de 1984-2015 revela que a plantação de Gmelina sofreu uma redução drástica de 269.56% para -97,65% e também *a Tectona grandis* de 78,33% para

-50,37%, exceto um aumento observado entre 1991-2002 de 22,46% para 77,14%, evidentemente como resultado da replantação de *Tectona grandis* em 1996, enquanto a área construída aumentou de -15,68% para 131,53%. No entanto, a floresta natural continuou a florescer ao longo do período considerado, passando de 47,83% para 88,44%. Também um estudo sobre "Forest Cover Changes and Land Use Dynamics in Oluwa Forest Reserve" (Alterações do coberto florestal e dinâmica da utilização dos solos na Reserva Florestal de Oluwa), efectuado por (Orimoogunje 2014), revela que existem três comunidades ecológicas dominantes na Reserva Florestal de Oluwa, tendo sido identificados dois efeitos das alterações nas espécies. O primeiro efeito foi a substituição do que poderia ser chamado de espécies originais por outras espécies tolerantes ao "novo" ecossistema. O outro foi a redução da variedade das espécies originais que podiam ser encontradas, o que indica que a área tinha sido fragmentada em comparação com o seu estado original.

Capítulo 3

3.0 METODOLOGIA

3.1 CONCEPÇÃO DA BASE DE DADOS

A base de dados é o processo pelo qual as entidades do mundo real e as suas relações são analisadas e modeladas de forma a obter o máximo de benefícios utilizando uma quantidade mínima de dados. O coração de qualquer SIG é o modelo de dados. Um modelo de dados é um conjunto de construções ou regras para representar objectos e processos no ambiente digital de um computador. Por conseguinte, o tipo de análise que pode ser efectuada é fortemente influenciado pela forma como o mundo real é modelado.

3.2 AQUISIÇÃO DE DADOS

Os dados para este estudo foram adquiridos a partir de várias fontes. Uma vez que a natureza da monitorização da ocupação e uso do solo requer imagens de diferentes tempos, períodos e que a análise de deteção de alterações é realizada de forma mais eficaz com não menos de 2 imagens da área de estudo. As imagens de satélite da área de estudo foram adquiridas e classificadas utilizando o software ArcGIS versão 10.3

3.2.1 FONTE DE DADOS

De um modo geral, existem duas fontes principais de dados, nomeadamente a fonte de dados primários e a fonte de dados secundários. Para esta investigação, foram utilizados dados secundários. Foram obtidas imagens Landsat da área de estudo com uma resolução de 30 m para o ano de 1986, 2000 e 2016.

3.4 CONVERSÃO DE DADOS

Por conseguinte, pode dizer-se que os dados são o fio condutor de qualquer estudo, sobretudo da deteção remota e do sistema de informação geográfica. O mapa analógico existente foi convertido em formato digital através da digitalização utilizando o ArcGIS

10.3 Software de aplicação. As imagens de satélite da área de estudo para diferentes anos foram adquiridas, empilhadas, recortadas da área de estudo e também se fez a combinação de cores das imagens adquiridas. As imagens de satélite foram classificadas utilizando o ArcGIS.

3.5 CONCEPÇÃO FÍSICA

A conceção física é a forma como o projeto foi realizado, tal como planeado desde o início, em conformidade com a utilização do ArcGIS 10.3. Esta fase é designada por representação de alto nível dos conjuntos de dados, orientada por restrições bem definidas. É normalmente efectuada no início da fase de criação da base de dados. O desenho físico do projeto mostra as entidades, os seus atributos e as estruturas de dados adoptadas. Os dados foram transformados em tabelas no ArcGIS 10.3 estruturadas desta forma;

1. **Floresta** [FT Id- Número inteiro curto, FT Nome-Texto (50), FT Área-

Inteiro curto, FT Tipo-Texto (50), FT Localização-Texto (50)]

2. **Estradas** [RD Id - número inteiro curto, RD Name-Text (20), RD Type-Text (10), RD Length- Float]

3. **Massa de água** [WB Id-Inteiro curto, WB Name-Text (50), WB Length-Double, RD Location-Text (50)]

4. **Área construída** [B/U Id-Inteiro curto, B/U Nome-Texto(50), B/U Utilização-Texto (50), B/U Área- Inteiro curto]

5. **Superfície nua** [B/S Id - número inteiro curto, B/S Área - número inteiro curto, B/S Tipo - texto (50), B/S Localização - texto (50)]

3.6 CRIAÇÃO DA BASE DE DADOS

Um sistema de base de dados é um sistema informatizado de manutenção de registos, pelo que é necessária a fase de criação da base de dados. Trata-se de uma fase essencial, porque nos permite recuperar, atualizar e compactar rapidamente os dados. A base de dados foi criada utilizando o software ArcGIS 10.3 e os dados adquiridos foram utilizados para a criação da base de dados.

Tabela 2: Amostra da base de dados

FID	Shape *	ID	GRIDCODE	CLASS	AREA	PERCENTAGE
1	Polygon	2	1	BUILT-UP	121.581	36.5
0	Polygon	1	4	BARE GROUND	55.034	16.52
2	Polygon	3	3	WATER BODIES	16.723	5.02
3	Polygon	57	2	FOREST	139.746	41.96

Fonte: Autor

Capítulo 4

4.0 Análises espaciais e apresentação de informações

As análises espaciais são as operações efectuadas sobre objectos e dados espaciais para encontrar soluções para problemas espaciais, como é o caso deste projeto. Envolve a organização da base de dados em camadas com o objetivo de proporcionar um acesso rápido aos dados que podem ser necessários para a análise geográfica. Neste projeto, o SIG foi integrado na tecnologia de deteção remota para estimar a quantidade e a extensão da reserva florestal de Oluwa no Estado de Ondo. O quadro 3 ilustra a descrição das imagens Landsat utilizadas.

Quadro 3: Descrição dos satélites utilizados no estudo

Satellite Imagery	Landsat Sensor(s)	Date of Acquisition	Path	Row	Spatial Resolution(m)
1986	LANDSAT_5	1986/12/17	190	55	30
2000	LANDSAT_5	2000/02/15	190	55	30
2016	LANDSAT_7 ETM+ (Enhanced Thematic Mapper)	2016/03/14	190	55	30

Fonte: Autores

4.1 CARTOGRAFIA E DISTRIBUIÇÃO DA UTILIZAÇÃO DOS SOLOS

A operação de classificação foi efectuada nas imagens geradas utilizando uma classificação supervisionada (totalmente gaussiana) de máxima verosimilhança e os produtos finais da classificação fornecem uma visão geral das principais caraterísticas de utilização/ocupação do solo da Reserva Florestal de Oluwa para os anos de 1986, 2000 e 2016. Foram identificadas quatro categorias de uso/cobertura do solo (LULC): são elas;

- Floresta
- Área construída
- Corpo de água
- Superfície nua

As figuras abaixo ilustram os mapas de uso/ocupação do solo da Reserva Florestal de Oluwa para as imagens de 1986, 2000 e 2016, respetivamente.

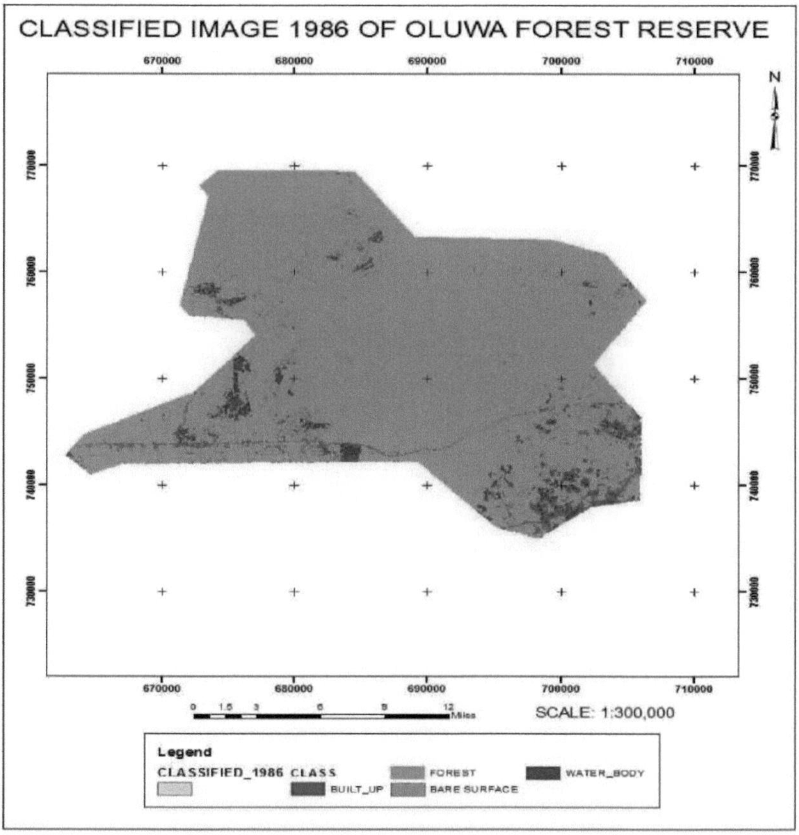

Figura 2: Imagem Classificada 1986 da área de estudo

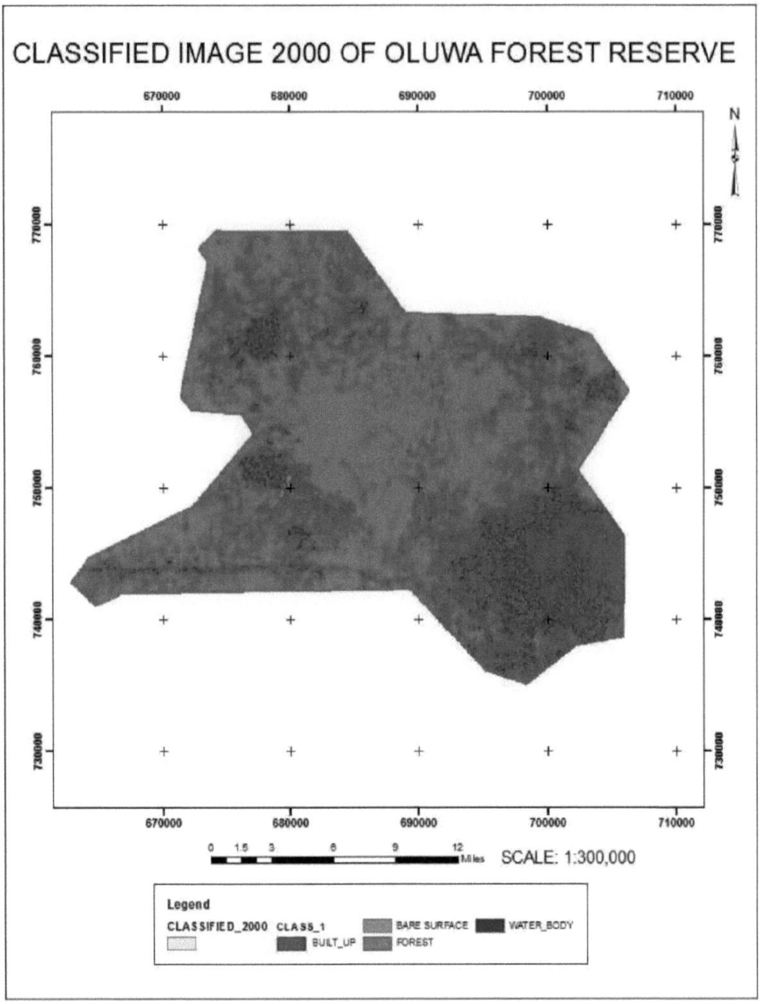

Figura 3: Imagem Classificada 2000 da área de estudo

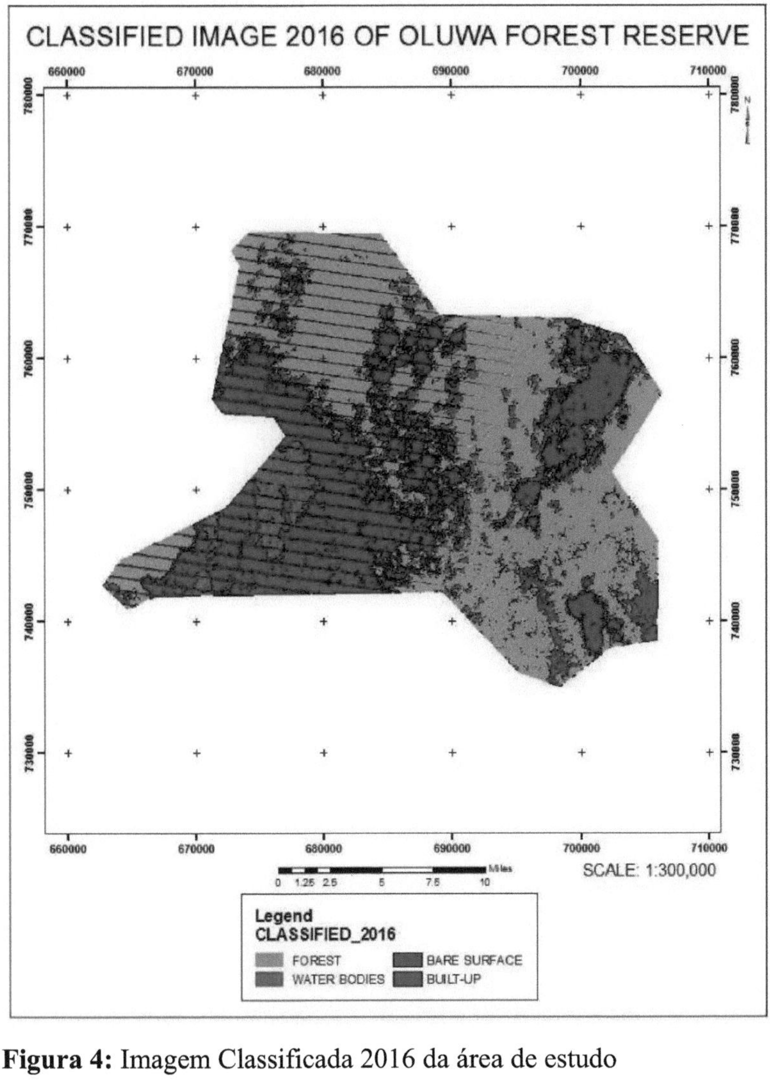

Figura 4: Imagem Classificada 2016 da área de estudo

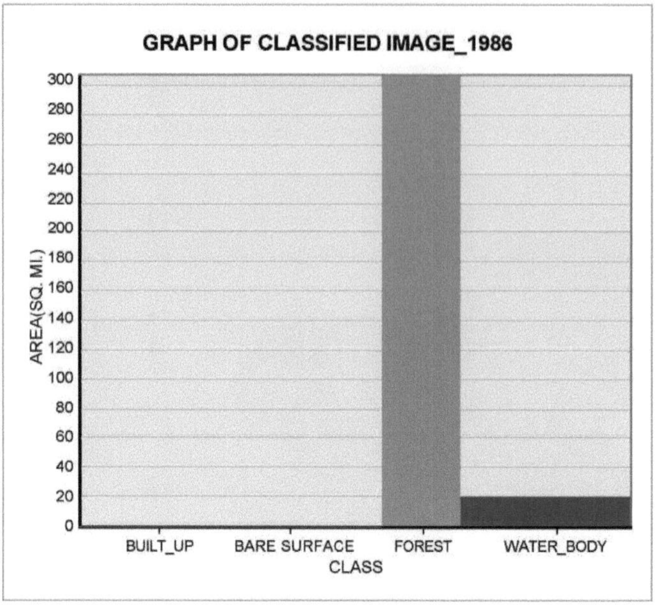

Figura 5: Gráfico de barras da imagem classificada de 1986 da área de estudo

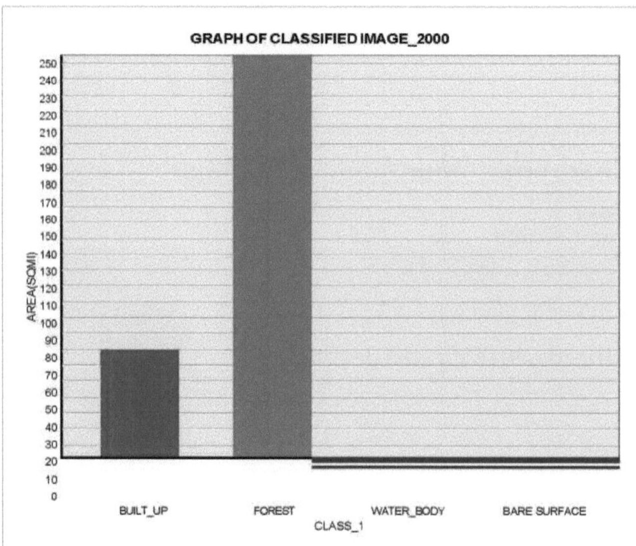

Figura 6: Gráfico de barras da imagem classificada 2000 da área de estudo

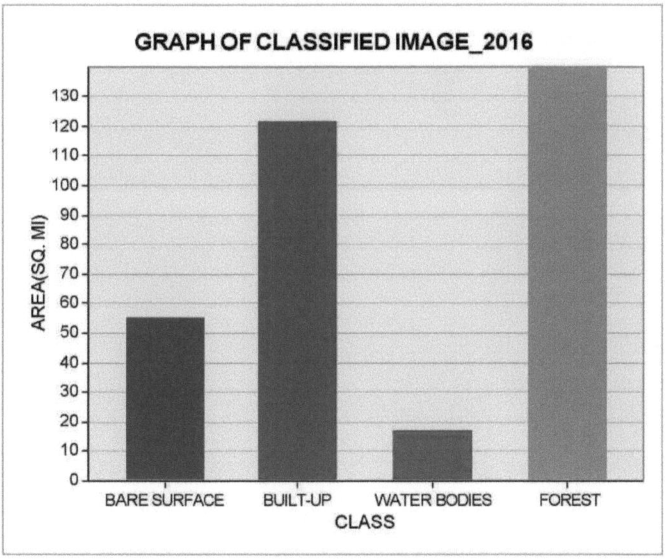

Figura 7: Gráfico de barras da imagem classificada de 2016 da área de estudo

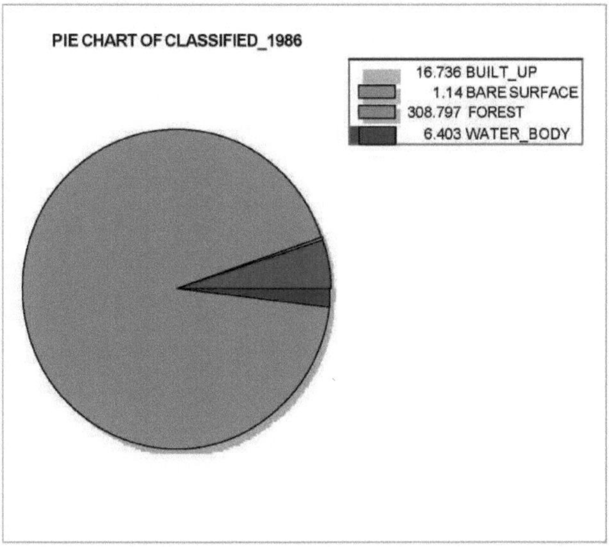

Figura 8: Gráfico de pizza da imagem classificada de 1986 da área de estudo

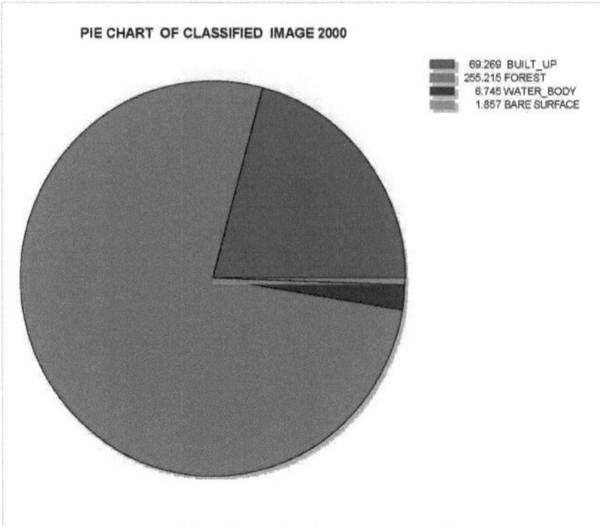

Figura 9: Gráfico de pizza da imagem classificada 2000 da área de estudo

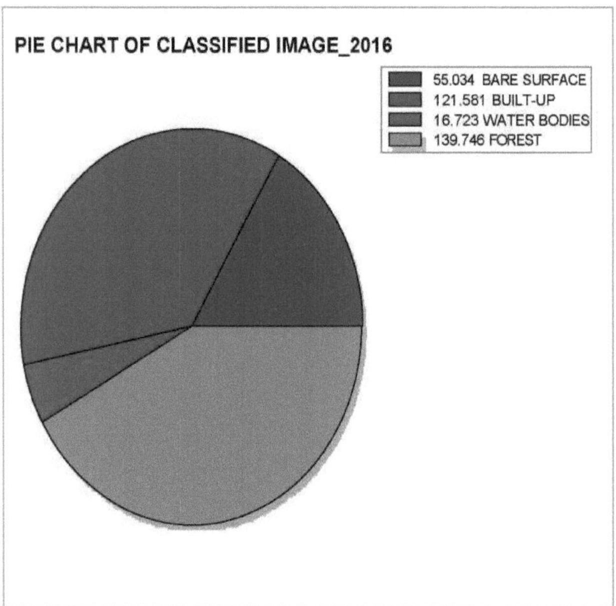

Figura 10: Gráfico da imagem classificada de 2016 da área de estudo

4.2 INVENTÁRIO DA OCUPAÇÃO DO SOLO E CÁLCULO DA ÁREA

A distribuição estática das classes de ocupação do solo para cada ano de estudo, tal como resulta da análise, é apresentada no quadro 4.

Quadros 4: classe de ocupação do solo / inventário

	1986		2000		2016	
Land Cover Type	**Area (Sq. mi)**	**Area (%)**	**Area (Sq. mi)**	**Area (%)**	**Area (Sq. mi)**	**Area (%)**
Forest	**308.8**	**92.71**	**255.22**	**76.62**	**139.74**	**41.96**
Built-up	**16.74**	**5.024**	**69.27**	**20.8**	**121.58**	**36.50**
Water Bodies	**6.4**	**1.922**	**6.74**	**2.02**	**16.72**	**5.02**
Bare Surface	**1.14**	**0.342**	**1.86**	**0.56**	**55.03**	**16.52**
Total	**333.08**	**100**	**333.08**	**100**	**333.08**	**100**

Fonte: Autor

4.2.1 ANÁLISE DOS RESULTADOS

Os cálculos de área forneceram um conjunto de dados abrangente em termos de cobertura vegetal global e tipo de utilização do solo e a quantidade de alterações que ocorreram está representada na tabela e nos gráficos acima. A Tabela 4 acima mostra o padrão de cobertura vegetal e tipo de uso do solo na área de estudo entre 1986, 2000 e 2016, utilizando três imagens de deteção remota. A tabela mostra que a área de cobertura por construções, que também pode ser chamada de classe de cobertura de assentamento, aumentou de 16,74 milhas quadradas (5,024%) em 1986 para 69,27 milhas quadradas (20,8%) em 2000 e aumentou novamente para 121,58 milhas quadradas (36,50%) em 2016. A área coberta por corpos d'água na área de estudo teve uma tendência de aumento. Entre o ano de 1986 e 2000, esta classe de cobertura aumentou de 1,922% para 2,02% e para 5,02% em 2016.

A classe de cobertura de superfície nua também aumentou de 0,342% em 1986 para 0,56% em 2000 e também aumentou para 16,52% em 2016. A classe de cobertura florestal tem registado uma tendência de redução. Reduziu de 308,8 km2 (92,71%) em 1986 para 255,22 km2 (76,62%) em 2000 e para 139,74 km2 (41,96%) em 2016. O resultado mostra que a classe de construção / povoamento, massas de água e cobertura de superfície nua estava a aumentar, ou seja, cada vez mais pessoas estão a instalar-se dentro do recinto da reserva florestal, contrariamente às expectativas, e a maioria destes colonos são agricultores ilegais e caçadores furtivos

4.3 PESQUISA ESPACIAL

A consulta espacial foi utilizada neste projeto para testar a base de dados criada. Este é o processo de seleção de caraterísticas com base na localização ou relação espacial. É conseguido através de uma expressão de consulta construída para selecionar caraterísticas que correspondam aos critérios de seleção de uma base de dados utilizando a ferramenta Selecionar por Atributos. As expressões de consulta podem ser critérios simples ou múltiplos.

Foi efectuada uma análise de critério único para visualizar a área construída na imagem de 1986.

Pergunta 1: Mostrar a área florestal numa imagem de 1986.

Sintaxe: "Nome_da_classe"= "floresta"

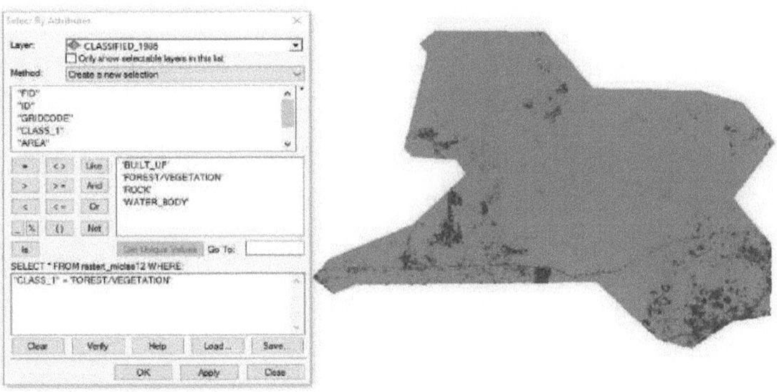

Figura 11: Consulta da cobertura florestal na zona de estudo

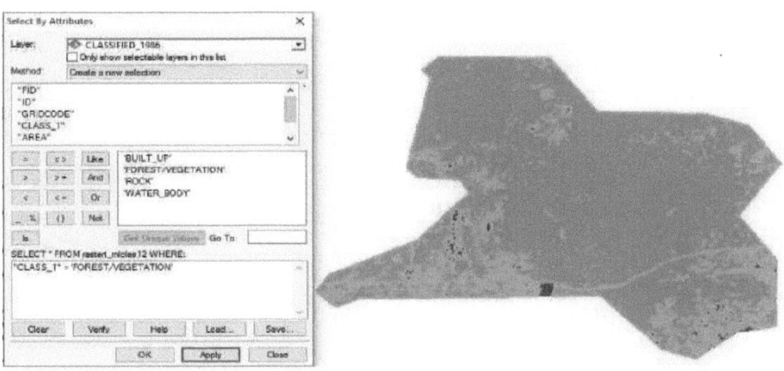

Figura 12: Resultado para a cobertura florestal na área de estudo

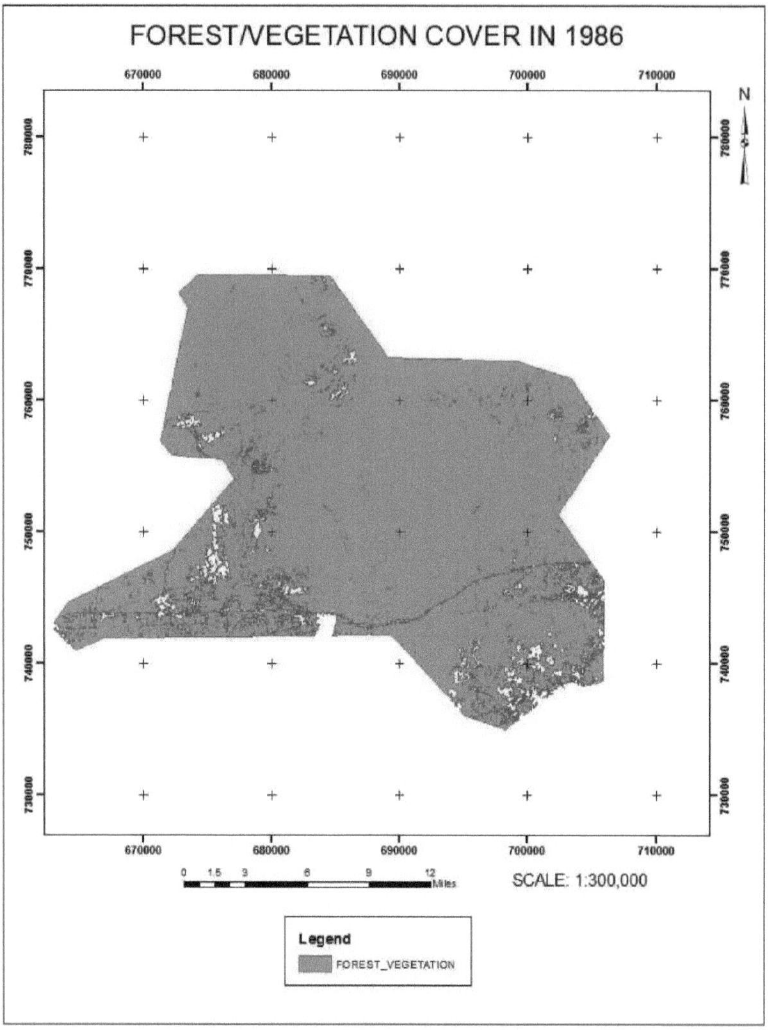

Figura 13: Mapa do coberto florestal na zona de estudo

Pergunta 2: Mostrar a área florestal numa imagem de 2016.

Sintaxe: "Nome_da_classe"= "floresta"

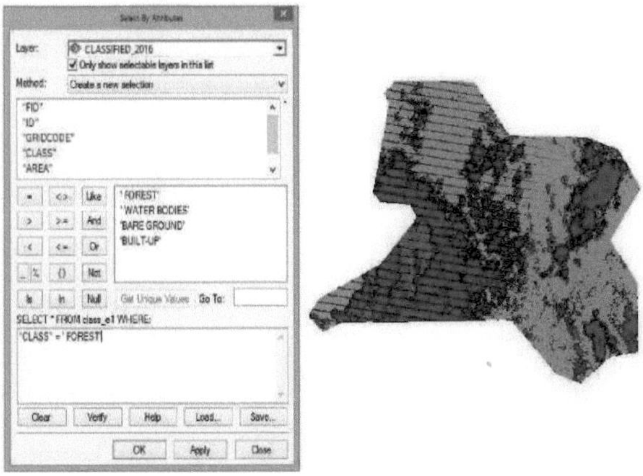

Figura 14: Consulta da cobertura florestal na zona de estudo

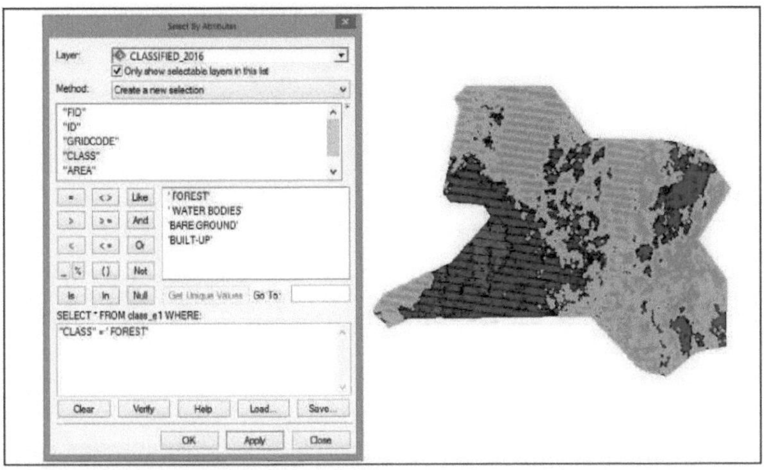

Figura 15: Resultado da cobertura florestal na zona de estudo

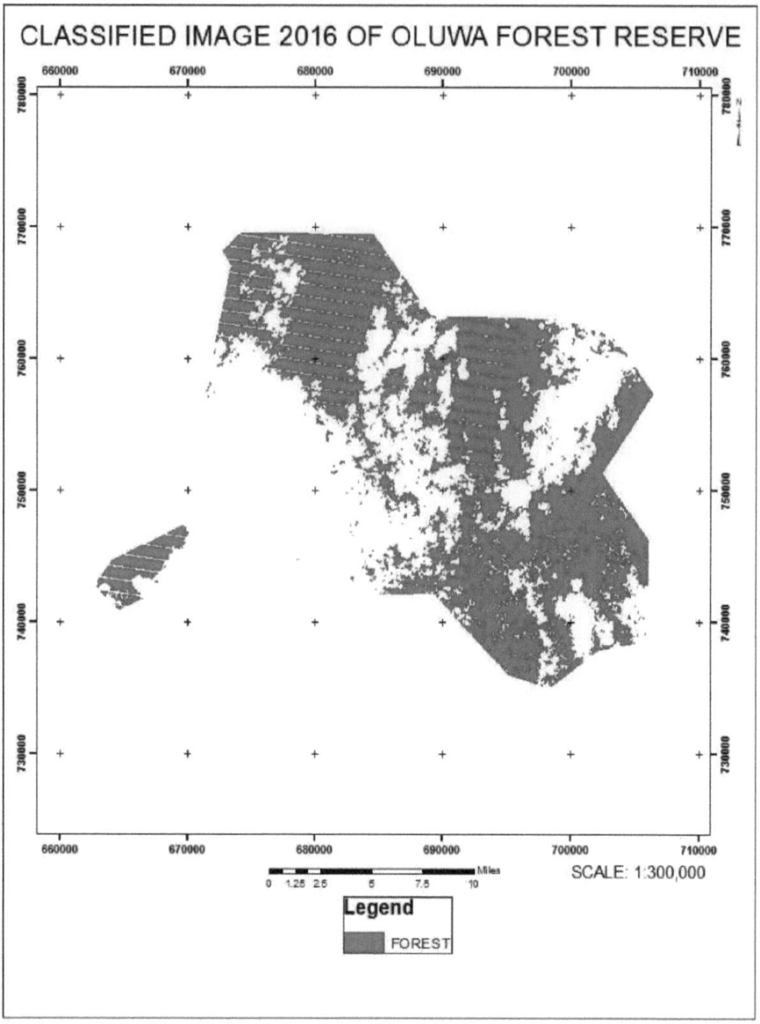

Figura 16: Resultado para a cobertura florestal na área de estudo

A comparação do resultado da análise efectuada para a cobertura florestal entre 1986 e 2016 na área de estudo mostra que a taxa de desflorestação e invasão aumentou tremendamente no ano de 2016 em comparação com 1986, o que levou à redução da extensão da floresta. A floresta tem vindo a perder-se ao longo dos anos para outras actividades, como o aumento das povoações, a agricultura e o abate indiscriminado de árvores por caçadores furtivos.

Capítulo 5

5.0 RESUMO, CONCLUSÕES E RECOMENDAÇÕES

5.1 RESUMO E CONCLUSÕES

Este trabalho de investigação demonstrou a capacidade do SIG e dos dados de teledeteção (imagens) na identificação, classificação e interpretação da reserva florestal de Oluwa no estado de Ondo, na Nigéria. Foi criada e analisada uma base de dados SIG das categorias de uso/cobertura do solo e das suas alterações num período de 14 (1986-2000) e 16 anos (2000-2016). Os resultados mostraram que a reserva florestal estava a recuar devido a várias actividades humanas, como o abate ilegal de madeira, as actividades agrícolas, o estabelecimento de povoações e a construção. As taxas de degradação da reserva fizeram com que a área se tornasse uma sombra do que era antes. As comunidades locais mostraram que, ao ritmo a que a degradação da reserva está a decorrer, a conversão da plantação florestal em solo nu, agricultura e construções é apenas uma questão de tempo.

Este estudo demonstrou que a teledeteção e o SIG são ferramentas viáveis e extremamente úteis para cartografar e monitorizar a dinâmica da utilização/cobertura do solo nas florestas com a utilização de dados Landsat TM, que é uma importante fonte de dados de imagem. Também é capaz de resolver problemas espaciais e de fornecer informações que ajudam na tomada de decisões para a conservação adequada dos recursos renováveis e não renováveis que podem ser utilizados para a geração futura.

5.2 RECOMENDAÇÕES

A desflorestação não é um processo imparável ou irreversível. Esforços acrescidos e concertados para o "renascimento" e rejuvenescimento da vegetação florestal permitirão a utilização do tipo de reserva florestal que pretendemos. As estratégias que se seguem contribuirão em grande medida para reduzir o efeito da desflorestação:

- As políticas governamentais devem ser rigorosas na preservação das reservas florestais contra a ocupação ilegal e deve ser efectuado um inventário anual das povoações dentro e à volta das reservas florestais para evitar uma maior expansão das povoações.
- Os terrenos nus ou baldios disponíveis devem ser convertidos em plantações florestais de espécies exóticas de crescimento rápido.
- A tecnologia GIS deve ser utilizada no planeamento do abate seletivo, caso seja necessário abater árvores.
- Deve ser criado um sistema de base de dados para cada reserva florestal
- Recomenda-se vivamente que se ponha termo a qualquer forma de degradação das plantações florestais, tendo em conta o objetivo para o qual

a reserva foi criada.

- Por último, a tecnologia da teledeteção e do SIG deve ser utilizada em estudos importantes, relativos a questões nacionais como a desflorestação, a desertificação, etc.

REFERÊNCIAS

[1] Adedire, M.O. (2007). Tropical Deforestation: A threat to sustainable forest and wildlife management. Palestra de convocação proferida para assinalar a 1.ª e 43.ª cerimónia de convocação conjunta da Escola Federal de Gestão da Vida Selvagem, New Bussa e da Escola Federal de Silvicultura, Ibadan, na Escola Federal de Silvicultura, Jericho, GRA, Ibadan, em 18 de julho de 2007.

[2] Adeduntan, S.A. (2009). "Diversidade e abundância da mesofauna e da população microbiana do solo no sudoeste da Nigéria", African Journal of Plant Science, Vol. 3 No 9, pp. 210-216.

[3] Alias, A.M. (2001). Aplicação de Sensoriamento Remoto e SIG pelo Departamento Florestal, Malásia Peninsular - Situação atual. Trabalho apresentado no seminário Teknologi Remote Sensing dan GIS dalam Aplikasi Perhutanan, Kuala Lumpur, 31 de julho de 2001. Pp. 10.

[4] Bandy, D. (1994). Alternatives to slash-and-burn: Uma estratégia global. Centro Internacional de Investigação em Agroflorestação. Nairobi, Quénia. 37pp.

[5] Esri (2015). Gerir melhor a floresta. Forestry

[6]FAO,(2003).Forestry and forests in Nigeria. Endereço Internet: *www.fco.org/forestry/fo/country/is.jsp?geo id=1&kingid=1&pcge id =612*. 36 2003 11-11.

[7] FAO, (2004). Perfil do país. Preparado pelos serviços de planeamento florestal e instituições da FAO, Roma. Endereço Internet: *www.fco.org/forestry/site/23747/en/ngc* 2004-25-06.

[8] FAO, (2005). *Estado das florestas do mundo. FAO.* Roma: Organização das Nações Unidas para a Alimentação e a Agricultura.

[9] FDF (1998). Relatório do país; Nigéria. In: 11ª sessão da Comissão Africana de Silvicultura e Vida Selvagem, Dakar, Senegal. 8-17, abril, 1998. Departamento Federal de Florestas, Abuja, Nigéria.

[10] FORMECU (1993). Desenvolvimento do sistema de receitas florestais na Nigéria: Actas do Seminário sobre o desenvolvimento do sistema de receitas florestais na Nigéria, realizado em Benin-city, Estado de Edo. 10-11, Nov. 1993.

[11] Fosberg, F.G., Garnier, B.J. & Kuchler, A.W. (1961). "Delimitação dos trópicos húmidos". *Geographical Review,* 51:

333 -339.

[12] *Modelação Ambiental (GIS/EM4): Problemas, Perspectivas e Necessidades de Investigação,* (p. 13). Banff, Alberta, Canadá.

[13] Fundo Mundial para o Ambiente, GEF (2010). Ação global sobre gestão sustentável dos solos.

[14]Iloeje, N.P. (1981). *A New Geography of Nigeria.* Rev. ed. Longman, Ibadan, 201pp.

[15] Khali Aziz Hamzah (2001). Remote Sensing, GIS and GPS as a Tool to Support Precision Forestry Practices in Malaysia (Deteção remota, SIG e GPS como ferramenta de apoio às práticas de silvicultura de precisão na Malásia). Documento apresentado na 22nd Asian Conference on Remote Sensing, 5-9 de novembro de 2001, Singapura.

[16] Makinde, E. O., Womiloju, A. A. Ogundeko, M. O. (2014). A Abordagem Geoespacial do Sequestro de Carbono na Floresta de Oluwa, Estado de Ondo, Nigéria. Submetido ao \Departamento de

Agrimensura e Geoinformática, Faculdade de Engenharia, Universidade de Lagos, Akoka, Lagos, Nigéria. Não publicado.

[17] Musa O. Amiebenomo (2002). Tropical Secondary Forest Management in Africa: Reality and perspectives: Nigeria Country Paper for the FAO/EC LNV/GTZ In collaboration with ICRAF and CIFOR, Nairobi, Kenya, 9-13 December 2002.

[18] Ogbonnaya, O. (2003). "Deforestation in Nigeria" (Desflorestação na Nigéria). Nature Watch. Revista ambiental da Nigéria. Publicação da Nigerian Conservation Foundation.

[19] Ogunjemite, B.G, Agbelusi, E.A, Afolayan, T.A. e Onadeko, S. A. (2006), "Status Survey of Chimpanzee in the Forest Zone of Southwestern Nigeria". Ata Zoological Sinica, Vol. 52 No 4, pp. 1009-1014.

[20] Oloyede, I.O. (2008). Afforestation and Reforestation: A experiência de Unilorin. Uma apresentação no workshop técnico de alto nível sobre florestação e alterações climáticas em África. 15 a 17 de dezembro de 2008. 23pp.

[21] Onyekwelu J.C., Mosandl R. and Stimm, B. (2008), "Tree species diversity and soil status of primary and degraded tropical rainforest ecosystems in South-Western Nigeria". Journal of Tropical Forest Science Vol. 20 No. 3, pp. 193-204.

[22] Orimoogunje, O.O.I. (2005). The impact of land use dynamics on Oluwa Forest Reserve in South-western, Nigeria. Doutoramento não publicado

Tese, Departamento de Geografia, Universidade Obafemi Awolowo, Ile-Ife.

[23] Orimoogunje O.O.I. (2014). Mudanças na cobertura florestal e dinâmica de uso da terra na Reserva Florestal de Oluwa, sudoeste da Nigéria. Jornal de Ecologia da Paisagem Vol: 7 / No. 2

[24] Osunade, M.A.A. (1991). Mudança agrícola pelo processo de suplantação num sistema agrícola tradicional. *Jornal Internacional de Ecologia e Ciências Ambientais*. 17:201-209.

[25] Oyen, B.H. e P. H. Nygaard (2000). Effects of afforestation on wood production and forest yield (Efeitos da florestação na produção de madeira e no rendimento florestal). Afforestation in Nordic countries, pp 30-35.

[26] Udofia, S. I., Jacob, D. E., Owoh, P. W. e Samuel, N. S. (2011). Steming Environmental Degradation: The Afforestation Approach Nigerian Journal of Agriculture, Food and Environment. VOL. 7 No.1, 2011:22-27

[27] Wulder MA, Franklin SE (2007) Understanding forest disturbance and spatial pattern: Remote sensing and GIS approaches. CRC press, Boca Raton 1-246.

[28] Zhang Q, Justice C.O, Jiang M, Brunner J, Wilkie D.S (2006). A GIS-based Assessment on the Vulnerability and Future Extent of the Tropical Forests of the Congo basin (Uma avaliação baseada em SIG sobre a vulnerabilidade e a extensão futura das florestas tropicais da bacia do Congo). Springer 114: 107-121.

MIX
Papier aus verantwortungsvollen Quellen
Paper from responsible sources
FSC® C105338

Printed by Books on Demand GmbH, Norderstedt / Germany